重庆三峡气象科普
文化教育基地宣传手册

兰治东 主编

图书在版编目（CIP）数据

重庆三峡气象科普文化教育基地宣传手册 / 兰治东主编 . 北京：气象出版社，2015.10
 ISBN 978-7-5029-6266-1

Ⅰ．①重⋯ Ⅱ．①兰⋯ Ⅲ．①气象－科普工作－重庆市－手册 Ⅳ．① P4-62

中国版本图书馆 CIP 数据核字 (2015) 第 227938 号

出版发行：	气象出版社		
地　　址：	北京市海淀区中关村南大街 46 号	邮政编码：	100081
总 编 室：	010-68407112	发 行 部：	010-68409198
网　　址：	http://www.qxcbs.com	E - m a i l：	qxcbs@cma.gov.cn
责任编辑：	胡育峰 殷 淼	终　　审：	吴晓鹏
封面设计：	徐 娜	责任技编：	赵相宁
印　　刷：	北京地大天成印务有限公司		
开　　本：	787 mm×1092 mm　1/32	印　张：	1.5
字　　数：	38 千字		
版　　次：	2015 年 10 月第 1 版	印　　次：	2015 年 10 月第 1 次印刷
定　　价：	6.00 元		

本书如存在文字不清、漏印以及缺页、倒页、脱页等，请与本社发行部联系调换

编委会

主　编　兰治东
副主编　成守芳　刘　琳　王建忠　胡育峰
编　委　杨笑雯　吴　平　余大勇　王　毅
　　　　李继奎　李宏伟

目录
CONTENT

科普基地概况 —— 01

科普基地场馆构成 —— 03
    室外景观展区 04
    室内科普馆 14

科普文化活动 —— 26

科普基地建设大事记 —— 37

科普基地概况

　　重庆三峡气象科普文化教育基地(以下简称"科普基地")是三峡库区第一个也是目前唯一的气象科普文化教育基地,位于云阳县龙脊岭文化公园内。其占地约4000平方米,由室外景观展区和室内科普馆两大部分组成,共有展品展项30个,通过科普景观、实物模型、史料图片、互动展项等多种形式,生动地展现了气象知识和文化。科普基地由中国气象局、重庆市气象局和云阳县人民政府共同投资建设,建设资金为650万元,2007年规划设计,2009年1月动工建设科普综合楼,2013年10月建设完工,2014年3月正式对外开放。2014年,科普基地先后被评为"全国气象科普教育基地"和"重庆市科普教育基地"。

重庆三峡气象科普文化教育基地的不少展品在重庆市乃至全国都是独一无二的。比如《云阳气象赋》岩壁，内容厚重古朴、气势恢宏、意蕴深远、包罗万象；《借东风》大型石雕是科普基地的一大亮点，它取材于《三国演义》中"诸葛亮借东风"的故事，说明气象运用于军事古已有之，其创造的军事效益也十分可观；"山洪地灾气象监测预警与防范"展区被称作科普基地的"镇馆之魂"，是室内科普馆最大的一个展项，参观者可以通过触碰触摸屏、调节沙盘灯光、观看展板电视等方式，对三峡地区的地形地貌、地质灾害、气象监测预警服务、防范措施等知识进行详细了解，从而提高防御山洪地质灾害的能力……

重庆三峡气象科普文化教育基地将立足三峡库区的区位优势和云阳县生态环境特点，成为青少年和广大民众学习气象知识、了解气象文化、提高防灾减灾意识及能力的一个优秀科普平台。

科普基地场馆构成

重庆三峡气象科普文化教育基地分室外景观展区和室内科普馆两大部分。

室外景观展区有11个展项,分别是:《云阳气象赋》岩壁、四季景观柱、日晷、气象灾害预警柱、气象观测场、人工影响天气作业高炮、《二十四节气》雕刻、物候观测、《借东风》大型石雕、天气现象符号石子地面、《科学治水·人水和谐》系列墙画。

室内科普馆总面积约300平方米,共有19个展项,分别是:前言、科普馆导视图、磁悬浮地球仪、科普小常识、观云识天、大气圈层、气象发展历程、气象综合探测和水循环、山洪及地质灾害的形成与防治、雨滴的形成、雷电通道、防雷小常识、三峡气候特征、奇特的天气现象、山洪地灾气象监测预警与防范、模拟人工影响天气、极限风力体验、天体秤、走遍云阳。

室外景观展区

《云阳气象赋》岩壁

内容由香港大学资深教授、中华辞赋研究院院长颜其麟先生创作。颜老先生在汉赋和书法创作方面造诣很深,曾荣获"国际炎黄文化金奖"。《云阳气象赋》共353个字,其文厚重古朴、气势恢宏、意蕴深远,将科普基地建设、远古气象、云阳气象以及未来中国气象事业发展愿景等一笔描尽、尽收赋中。

四季景观柱

四根石雕柱依春、夏、秋、冬四季命名,每根石雕柱上都刻有表现当地、当季主要天气现象、气候物候特征的文字和图案。

日晷

古代利用日影测得时刻的一种计时仪器。其原理是利用太阳的投影方向来测定并划分时刻,通常由晷针和晷面组成。

气象灾害预警柱

形象生动地展示了气象灾害预警信号的名称、图标和分级。三峡库区主要发布暴雨、寒潮、高温、干旱、雷电、冰雹、大雾、道路结冰等 13 类灾害预警。

气象观测场

这是一个标准的气象观测场,大小为25米×25米,建有气压、气温、湿度、风向、风速、降水、能见度、地温、蒸发、雷电、结冰等观测设施,是人们了解气象观测知识的主要场所,也是三峡库区探测环境最好的气象观测场之一。

人工影响天气作业高炮

这是一门可正常使用的"37"高炮，位于观测场的东北方向。参观者可通过它了解高炮的基本构造、人工影响天气原理、作业流程等，亦可进行教练弹的模拟发射操作，互动性强。

《二十四节气》雕刻

二十四节气是我国特有的节气制，起源于黄河流域，是对农耕文化的总结，是古代人类智慧的结晶。该展项采用红色大理石雕刻而成，镶嵌在观测场堡坎西、北两边，为整个科普基地增色不少。

《借东风》大型石雕

科普基地的一大亮点,表现了三国时期诸葛亮"借东风"的传奇故事。它不仅体现了诸葛亮的足智多谋、博学多才,也反映了气象在军事战争中的巨大作用。

天气现象符号石子地面

采用黑白两种颜色的三峡石镶嵌而成的天气符号和中文标注。与三峡库区有关的天气现象有 16 种。

《科学治水·人水和谐》系列墙画

这是一架能穿越时空的神奇"航天飞机","大禹治水""都江堰""红旗渠""南水北调工程""三峡水利工程"等五个科学治水的经典事例在其机身上一一展现,这些浩大的工程是"科学治水·人水和谐"的最好诠释。

室内科普馆

磁悬浮地球仪

利用电磁效应使地球仪漂浮在半空中不停地旋转,它生动、真实地展现了地球在太空中的形态以及五大气候带的分布情况。

科普小常识

　　选取了 16 个气象科普知识点，逐一解释，以丰富参观者的气象知识。

观云识天

此为互动式展项,参观者通过触摸屏选择不同类别云的名称,墙面灯箱即会同步闪烁显示相应的云图,然后触摸屏上会显示该云图的详细资料,供参观者阅读了解。

大气圈层

介绍了地球大气层的组成及其空间利用情况。

气象发展历程

选取了6个有代表性的反映气象事业发展的台站,简述其发展历程。参观者可通过这些台站的历史,了解气象事业的发展进程。

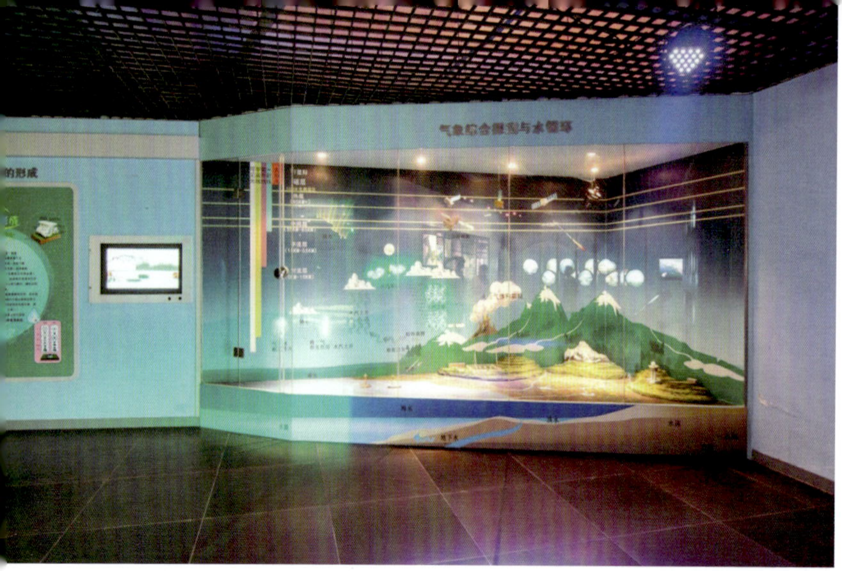
气象综合展型与水循环

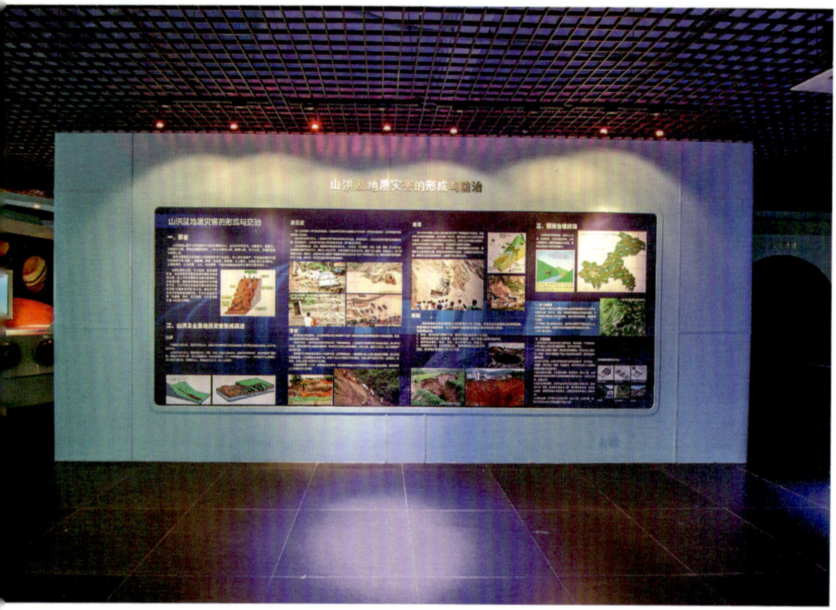
山洪及地质灾害的形成与防治

气象综合探测和水循环

展示了我国初步建成的地基(如雷达、自动站)、空基(如飞机、探空气球)、天基(如卫星、航天飞机)相结合的气象立体综合观测系统,还形象地演示了地球大陆、海洋、天空中的水以气态、固态、液态形式不断循环的过程。

山洪及地质灾害的形成与防治

重点介绍了山洪及地质灾害的形成与个人防范,以及气象等相关部门开展的工程、非工程防御措施。

雷电通道和防雷小常识

通过声、光、电的集成,让穿过雷电通道的参观者真实感受雷电现象发生时的生动景象。雷电通道的外壁上是防雷科普小常识,旨在提高参观者的防雷避险意识。

三峡气候特征和奇特的天气现象

描述了三峡库区的气候特征,对进一步做好三峡库区的气象灾害防御大有益处。另外,它通过光电感应的手动翻书阅读方式,使参观者在了解各种天象奇观的同时,还能获得趣味的阅读体验。

山洪地灾气象监测预警与防范

是科普馆的"镇馆之魂",由三峡库区的地形大沙盘、触摸演示屏、电视显示屏等组成,可实现人机互动。它主要表现了气象部门在暴雨山洪地质灾害的监测预警与防范方面的工作措施和服务流程,也充分体现了气象预警"消息树"在暴雨山洪地质灾害防御工作中的巨大作用。

天体秤

参观者通过选择触摸屏上不同的星球,可称出自己在不同星球上的体重,并可通过电子显示屏的解说了解许多天文知识。

极限风力体验

参观者通过骑踏特制的自行车,可自测在不同的转速下风力的大小,该展项参与性、互动性较强。

走遍云阳

介绍了云阳县的人文、自然景观和经济社会发展概况,让参观者了解云阳、热爱云阳,并充分感受这座移民城市、4A 级景区城市、最具幸福感城市的美好。

科普文化活动

自 2014 年正式开园以来，科普基地组织开展了很多气象科普文化活动，吸引了众多学生及市民前来参观、学习，同时受到各级领导的重视和关怀，也吸引了有关媒体的关注。

2014年3月19日,科普基地正式开园,重庆市气象局副局长顾骏强,云阳县委副书记张才明,县委常委、宣传部长赖建彬等出席了开园仪式。领导们还向参加开园活动的青少年学生发放了气象科普图书。

2014年3月,重庆市气象局副局长顾骏强在县领导的陪同下参观科普基地。

2014年3月,云阳县委常委、统战部部长胡文军参观科普基地。

2014年3月,云阳县政协副主席贾晓英、熊玉梅等参观科普基地。

2014年3月,云阳县法院的女法官们参观科普基地。

2014年全国防灾减灾日,广大市民、学生前来科普基地参观。

2014年7月,云阳县委常委、副县长汤洪涌参观科普基地。

2014年9月,少先队辅导员们参观科普基地。

2014年8月，原中国气象局副局长王守荣参观科普基地。

2014年9月，青少年学生参观科普基地。

5. 2009年1月，科普基地业务科普综合楼动工建设，总建筑面积515平方米。

6. 2009年2月，在重庆市气象局减灾处的组织下，市科委、市气象局、县气象局相关人员赴上海、南京、河南、北京等地进行了科普基地调研考察。

7. 2009年5月，在调研考察的基础上，结合云阳县及科普基地（气象观测站）所处的地理位置和建设环境等因素，将科普基地正式命名为"重庆三峡气象科普文化教育基地"。

8. 2009年12月，完成日晷、天气现象符号、文化礼仪墙等首批科普展品。

9. 2010年2月，中国气象局副局长宇如聪来云阳检查指导工作，表示大力支持科普基地建设。

2014年8月,原中国气象局副局长王守荣参观科普基地。

2014年9月,青少年学生参观科普基地。

2014年10月,重庆市沙坪坝区、永川区、忠县等地领导参观科普基地。

2014年11月,云阳县气象局与县委宣传部联合举办"共享科技·梦想未来"科普活动,"梦想课堂"在科普基地开讲。

2015年1月,中央电视台《乡村大世界》栏目组到科普基地采风,宣传报道科普基地。

2015年世界气象日期间,科普基地组织开展气象科普知识竞猜活动。

科普基地建设大事记

1. 2007 年 5 月，云阳县气象局制定了《云阳县气象台站总体规划》，并将"建设气象科普展示厅"纳入其中。

2. 2007 年 8 月，时任云阳县副县长陈孟文到县气象观测站检查指导工作，表示将大力支持科普基地建设。

3. 2008 年 4 月，重庆市气象局局长王银民表示大力支持科普基地建设。

4. 2008 年 8 月，县政府经其常务会审议通过，同意划拨新增科普基地建设用地 2900 余平方米。

5. 2009年1月,科普基地业务科普综合楼动工建设,总建筑面积515平方米。

6. 2009年2月,在重庆市气象局减灾处的组织下,市科委、市气象局、县气象局相关人员赴上海、南京、河南、北京等地进行了科普基地调研考察。

7. 2009年5月,在调研考察的基础上,结合云阳县及科普基地(气象观测站)所处的地理位置和建设环境等因素,将科普基地正式命名为"重庆三峡气象科普文化教育基地"。

8. 2009年12月,完成日晷、天气现象符号、文化礼仪墙等首批科普展品。

9. 2010年2月,中国气象局副局长宇如聪来云阳检查指导工作,表示大力支持科普基地建设。

10. 2011年4月,重庆市气象局局长王银民检查指导科普基地建设工作。

11. 2012年3月，中国气象局副局长于新文来云阳检查指导工作，表示大力支持科普基地建设，并要求将"山洪地质灾害防治"作为重要内容融入到科普基地的设计、建设之中。

12. 2012年6月，由重庆市气象局局长王银民主持，副局长顾建峰以及减灾处、预报处、计财处、党办、云阳县气象局等负责人参加的汇报会在市气象局召开，会议明确了科普基地的建设方向。

13. 2012年9月，重庆市气象局副局长顾建峰，预报处、县气象局主要负责人前往深圳，完成了《云阳气象赋》的评审工作。

14. 2012年12月，室外科普展区和室内科普馆的设计图、施工图以及招投标等工作顺利完成，科普基地由此进入集中、高效的建设时期。

15. 2013年10月，科普基地的建设任务全部完成。

16. 2013年12月，中国气象局办公室宣传科普处领导来科普基地调研、指导工作。

17. 2014年3月，重庆三峡气象科普文化教育基地盛大开园，正式对外开放。

18. 2014年3月，云阳县气象局与团县委联合挂牌，成立了"云阳青少年气象科普教育基地"。

19. 2014年12月，重庆三峡气象科普文化教育基地被中国气象局、中国气象学会评为"全国气象科普教育基地"。同年，被重庆市委宣传部、市科委等五部门联合评为"重庆市科普教育基地"。